쉽고 재미있는

미용 영어

장미숙 지음

경춘사

쉽고 재미있는 **미용 영어**

지은이 장미숙

발행인 안중기
발행처 도서출판 경춘사
등록번호 제10-153(1987. 11. 28)

인 쇄 2010년 11월 1일
발 행 2010년 11월 15일

서울특별시 마포구 공덕1동 117-25 경춘빌딩 101호
전 화 716-2502, 714-5246
팩 스 704-0688

값 8,000원

ISBN 978-89-5895-086-8 (13590)

머리말

21세기는 글로벌라이제이션(Globalization) 현상이 가속화됨에 따라 세계인과 소통할 수 있는 영어에 대한 중요성이 더욱 강조되고 있다.

미용인은 예술과 과학을 다루는 전문인인 동시에 고객을 대상으로 하는 소비산업 종사자이므로, 원활한 커뮤니케이션은 필수요건이라 할 수 있다. 따라서 다문화 사회 속에서 고객의 범위는 한국인에 한정된 것이 아니므로 고객에 대한 서비스를 최대화할 수 있도록 영어에 대한 철저한 대비를 해두는 것이 바람직하다.

이 책은 미용 현장에서 사용될 수 있는 실용 영어를 중심으로 구성되었다. 되도록 문어체와 질문에 대한 어구 반복 답변을 배제하고 쉽게 의사소통할 수 있도록 하는데 중점을 두었으며 미국식 영어발음을 제시하였다.

제1장 〈예약〉에서는 미용실과 이발소 전화예약, 예약취소를 다루었고, 제2장 〈길 안내〉에서는 대중교통과 도보를 통

해 미용실에 가는 방법을 살펴보았으며, 제3장 〈방문〉에서는 예약과 비예약의 경우로 나누어 대화방법을 알아보았다.

제4장 〈대기〉에서는 차례를 기다리며 일어날 수 있는 음료수 서비스와 소지품 보관에 관한 대화를 살펴보았고, 제5장 〈헤어스타일〉에서는 시술에 들어가기 전, 고객이 원하는 스타일을 알아내는 과정으로, 헤어커트, 퍼머, 블로우 드라이에 관한 내용을 다루었다.

제6장 〈샴푸〉에서는 헤어 시술 전후에 행해지는 샴푸과정을, 제7장 〈염색〉에서는 컬러선택과 염색과정을, 제8장 〈모발 관리〉와 제9장 〈피부 관리〉, 제10장 〈메이크업〉, 제11장 〈네일 관리〉에서는 모발과 피부 상태, 메이크업 시술, 네일 형태 및 컬러에 대한 상담 내용을 다루었다.

제12장 〈마무리〉에서는 시술 후 고객 만족에 의한 피드백과 계산과정을 살펴보았다.

각 장은 대화 내용의 본문, 발음, 해석의 순서로 제시하였으며, 새로 나온 단어(Vocabulary)와 숙어(Idiom), 미용 관련 용어를 정리하였다.

본 교재를 통해 미용영어에 대한 어려움이 조금이나마 해소되길 바라며, 책이 출간되기 까지 지원을 아끼지 않으신 경춘사 안중기 사장님과 안민웅 부장님, 편집부 여러분께 감사를 드린다.

2010년 10월

저자

차 례

제1장 예약

Reservation

01 전화 예약

Dialog 1 *Appointment for Beauty Salon*

Owner : Hello. This is A & C beauty salon.
May I help you?

Client : Hi. I'd like to make an appointment.

Owner : Certainly. Who do you want?

Client : I don't care.

Owner : When would you like your appointment?

Client : At five, tomorrow.

Owner : OK. And your name, please?

Client : My name is Linda Kim.

Owner : That's five o'clock, tomorrow.
See you then. Thank you.

Client : Ok, thanks.

Owner : Hello. This is A & C beauty salon.
오우너 헬로우 디스 이즈 에이엔씨 뷰티 썰런

May I help you?
메이 아이 헬프 유

Client : Hi. I'd like to make an appointment.
클라이언트 하이 아이드 라익 투 메이컨 어포인먼트

Owner : Certainly. Who do you want?
설튼리 후 두 유 원

Client : I don't care.
아이 돈 케어

Owner : When would you like your appointment?
웬 우 쥬 라익 유어 어포인먼트

Client : At five, tomorrow.
엣 파이브 트모로우

Owner : OK. And your name, please?
오케이 앤 유어 네임 플리즈

Client : My name is Linda Kim.
마이 네임 이즈 린다 킴

Owner : That's five o'clock, tomorrow.
댓츠 파이브 어클락 트모로우

See you then. Thank you.
씨 유 덴 땡큐

Client : Ok, thanks.
오케이 땡스

대화 1 미용실 예약

원 장 : 안녕하세요. A&C 미용실입니다.
무엇을 도와드릴까요?

고 객 : 안녕하세요. 예약을 하고 싶은데요.

원 장 : 네. 누구를 원하세요?

고 객 : 아무나 괜찮아요.

원 장 : 예약은 언제가 좋으세요?

고 객 : 내일 5시요.

원 장 : 좋습니다. 성함을 알려주시겠어요?

고 객 : 린다 킴입니다.

원 장 : 예약은 내일 5시입니다.
그때 뵙겠습니다. 감사합니다.

고 객 : 네, 감사합니다.

Vocabulary

beauty salon [bjú:ti səlán] 뷰티 썰런	미용실	= beauty shop
owner [óunər] 오우너	주인, 원장	
client [kláiənt] 클라이언트	고객	=customer
tomorrow [təmɔ́:rou] 트모로우	내일	
¤ the day after tomorrow	모레	
¤ today	오늘	
¤ yesterday	어제	
¤ the day before yesterday	그저께	

Idiom

Hello	(전화) 여보세요? (인사) 안녕하세요?
This is ~	(장소) 여기는 ~이다. (사람) 이분은 ~이다. (물건) 이것은 ~이다. (상황) 이번이 ~이다. 예) This is Linda Kim. (이분은 린다 킴입니다.)
May I ~? May I help you?	제가 ~할까요? (허락) 무엇을 도와드릴까요?

I'd like to ~	~하고 싶다. =I would like to~ =I want to~ 예) I'd like to go shopping. (쇼핑하고 싶다.)
make an appointment	예약하다 =make a reservation =make a booking 예) Can I make an appointment? (예약할 수 있나요?)
Who do you want?	누구를 원하세요?
Would you like someone in particular?	특별히 원하는 분이 있으세요?
Do you have a favorite stylist?	선호하는 스타일리스트가 있나요?
Would you like ~?	~하시겠습니까? (권유) 예) Would you like something to eat? (뭘 좀 드시겠습니까?)
See you~	~에 만나요.
See you then	그때 만나요.
See you soon	곧 만나요.
See you again	다시 만나요.
See you tomorrow	내일 만나요.
Thank you	감사합니다. =thanks
Thank you very much	대단히 감사합니다. =thanks a lot

Dialog 2 *Appointment for Barbershop*

Receptionist : Hello. This is Gawison.

Client : Hello.
I want to make an appointment.

Receptionist : Sure. Have you been to our barbershop before?

Client : No, this is the first time.

Receptionist : Oh, welcome to our shop.
What time do you want?

Client : At three, next Tuesday.

Receptionist : Let's see. Everyone is busy then. How about four o'clock?

Client : That's fine.

Receptionist : Could you give me your name and phone number?

Client : James Lee.

My phone number is 784-9501.

Receptionist : OK, the appointment is made.
Thanks a lot. Have a nice day.

Receptionist : Hello. This is Gawison.
뤼셉셔니스트 헬로우 디스 이즈 가위손

Client : Hello.
클라이언트 헬로우

I want to make an appointment.
아이 원 투 메이컨 어포인먼트

Receptionist : Sure. Have you been to our
슈어 해브 유 빈 투 아워

barbershop before?
바버샵 비풔

Client : No, this is the first time.
노 디스 이즈 더 풔스타임

Receptionist : Oh, welcome to our shop.
오우 웰컴 투 아워 샵

What time do you want?
왓 타임 두 유 원

Client : At three, next Tuesday.
엣 뜨리 넥스튜스데이

Receptionist : Let's see. Everyone is busy
렛 씨 에브리원 이즈 비지

then. How about four o'clock?
덴 하우 어바웃 포 어클락

Client : That's fine.
댓츠 파인

Receptionist : Could you give me your name
쿠쥬 기브 미 유어 네임
and phone number?
앤 폰 넘버

Client : James Lee.
제임스 리
My phone number is 784-9501.
마이 폰 넘버 이즈 쎄븐에잇포 나인파이브오원

Receptionist : OK, the appointment is made.
오케이 디 어포인먼트 이즈 메이드
Thanks a lot. Have a nice day.
땡스 얼 랏 해버 나이스 데이

대화 2 이발소 예약

접수직원 : 안녕하세요. 가위손입니다.

고　　객 : 안녕하세요. 예약을 하고 싶습니다.

접수직원 : 네. 저희 이발소에 오신 적이 있나요?

고　　객 : 아니요, 이번이 처음입니다.

접수직원 : 아, 환영합니다.
예약은 언제로 하시겠습니까?

고　　객 : 다음주 화요일 3시요.

접수직원 : 글쎄요, 그때는 모든 예약이 되어 있네요.
4시는 어떠십니까?

고　　객 : 좋습니다.

접수직원 : 성함과 전화번호를 알려주시겠습니까?

고　　객 : 제 이름은 제임스 리이고, 전화는
784-9501입니다.

접수직원 : 네, 예약이 완료되었습니다.
정말 감사합니다. 좋은 하루되세요.

Vocabulary

barbershop [bά:rbərʃὰp] 이발소
바버샵

receptionist [risépʃənist] 접수직원
뤼셉셔니스트

Idiom

have been to ~ 가(와)본 적이 있다.
예) I have been to Korea.(한국에 와본 적이 있다.)

Welcome to ~ ~을 환영한다.
예) Welcome to my house.
(저희 집에 오신 것을 환영해요.)

How about ~? ~은 어때요? (의견)
=What about
예) How about this dress? (이 드레스 어때요?)

That's fine 좋아요
=That's good
=That's ok

Could you give me ~? ~을 주시겠어요?
예) Could you give me a receipt?
(영수증을 주시겠어요?)

Have a nice day 좋은 하루 되세요.
Have a nice weekend 좋은 주말 되세요.
Have a nice trip 좋은 여행 되세요.

02 예약 취소

Dialog 3 *Cancel for Appointment*

Hairdresser : Hello.

Client : Hello, I'm Sarah Jung.
I made a reservation at 10'clock this afternoon, but can I cancel my appointment?

Hairdresser : Let me check. Wait a minute.
Sure, no problem.
Your appointment is canceled.
Call me again when you have time.

Client : OK, thanks a lot. Bye.

Hairdresser : Hello.
헤어드뤠써 헬로우

Client : Hello, I'm Sarah Jung.
헬로우 아임 새라 정

I made a reservation at 1 o'clock this
아이 메이더 뤠저베이션 엣 원 어클락 디스

afternoon, but can I cancel my
에프터눈 벗 캔 아이 캔슬 마이

appointment?
어포인먼트

Hairdresser : Let me check. Wait a minute.
렛 미 첵 웨이러 미닛

Sure, no problem.
슈어 노 프롸블럼

Your appointment is canceled.
유어 어포인먼트 이즈 캔슬드

Call me again when you have time.
콜 미 어겐 웬 유 해브 타임

Client : OK, thanks a lot. Bye.
오케이 땡스 어 랏 바이

대화 3 예약 취소

미용사 : 안녕하세요.

고 객 : 안녕하세요. 저는 사라 정이예요.
오늘 오후 1시에 예약했는데, 예약을 취소해도 될까요?

미용사 : 확인해보겠습니다. 잠깐 기다리세요.
네, 괜찮습니다.
예약이 취소되었습니다.
시간 있을 때 다시 전화주세요.

고 객 : 네, 감사합니다. 안녕히 계세요.

Vocabulary

hair dresser [héər drésər] 헤어 드뤠써	미용사 =hair stylist =hair designer

Idiom

this afternoon	오늘 오후에
p.m.(post meridiem)	오후
a.m.(ante meridiem)	오전
1 o'clock	1시(시계)
1 hour	1시간(시간의 분량)
at two forty-five	2시 45분에
at a quarter to three	3시 15분전에
at a quarter past three	3시 15분에
make a reservation	예약하다. =make an appointment =make a booking
can I ~?	~할 수 있어요?(가능) 예) What can I do for you? (무엇을 도와드릴까요?)
Let me ~	제가 ~할게요. 예) Let me introduce my self. (제 소개를 할게요.)
Wait a minute	잠깐 기다리세요. =Wait a moment. =Wait a second.

No problem	문제없어요, 괜찮아요. =It's OK. =It's Okay. =That's all right.

제2장 길 안내

01 대중교통

Dialog 4 *By Subway*

Receptionist : Hello, this is the HAPPY beauty salon.

Client : Hello. I'd like to have a haircut, but I haven't been there.
How can I get there?

Receptionist : Are you going to take a bus or subway?

Client : I'm going to take a subway.

Receptionist : Our salon is very close to the Jonggak station.

Client : How long does it take from the station?

Receptionist : It takes about 2 minutes walk.

Receptionist : Hello, this is the HAPPY beauty
헬로우 디스 이즈 더 해피 뷰티
salon.
썰런

Client : Hello. I'd like to have a haircut,
헬로우 아이드 라익 투 해버 헤어컷
but I haven't been there.
벗 아이 해븐 빈 데어
How can I get there?
하우 캔 아이 겟 데어

Receptionist : Are you going to take a bus or
아 유 고잉 투 테이커 버스 오어
subway?
써브웨이

Client : I'm going to take a subway.
아임 고잉 투 테이커 서브웨이

Receptionist : Our salon is very close to the
아워 썰런 이즈 베리 클로즈 투 더
Jonggak station.
종각 스테이션

Client : How long does it take from the
하우 롱 더즈 잇 테이크 프럼 더
station?
스테이션

Receptionist : It takes about 2 minutes walk.
잇 테익스 어바웃 투 미닛츠 웍

대화 4 지하철

접수직원 : 안녕하세요. 여기는 해피 뷰티 살롱입니다.

고　　객 : 안녕하세요. 머리를 자르려고 하는데 거기에 가본 적이 없어서요. 어떻게 가야 돼요?

접수직원 : 버스 타실 거예요, 지하철 타실 거예요?

고　　객 : 지하철 탈거예요.

접수직원 : 저희 살롱은 종각 역에서 가깝습니다.

고　　객 : 역에서 얼마나 걸려요?

접수직원 : 걸어서 2분 거리입니다.

Vocabulary

subway [sʌ́bwèi] 지하철
써브웨이

¤ subway station 지하철역

bus [bʌ́s] 버스
버스

¤ bus stop/station 버스정류장

Idiom

How can I ~? 어떻게 ~할 수 있어요?
~하려면 어떻게 해야돼요?
예) How can I get to the airport?
(공항에 어떻게 가야 돼요?)

is(are) going to ~ ~할 것이다.(예정)
will ~할 것이다.(미정)
예1) I will go there.
(나는 그곳에 갈 것이다.)-지금 결정
예2) I'm going to go there.
(나는 그곳에 갈 예정이다.)-미리 계획

take +a +교통수단 ~을 타다.
take a bus 버스를 타다.
take a subway 지하철을 타다.
take a train 기차를 타다.

예) I am going to take a train to go to Busan.
(나는 부산에 기차타고 갈 것이다.)

close to ~ ~와 가까운
very close to ~ ~와 아주 가까운
예) The shop is very close to ABC store.
(그 가게는 ABC 스토어와 아주 가깝다.)

How long does it take? 얼마나 오래 걸려요?

10 minutes walk 걸어서 10분 걸리는
1 hour by car/bus 차/버스로 1시간 걸리는

02 도보

Dialog 5 *Walk*

Client : Can you give me directions from the Jonggak station?

Receptionist : Yes. Come out to exit 7 and go straight.
When you see ABC store on the right, turn right to the alley. From there, walk for 100m and you will find our shop in the SS building.

Client : What floor is your shop located on?

Receptionist : On the second floor.

Client : Can you give me directions from
캔 유 기브 미 디렉션스 프럼
the Jonggak station?
더 종각 스테이션

Receptionist : Yes. Come out to exit 7 and go
예스 컴 아웃 투 엑씻 쎄븐 앤 고
straight.
스트뤠이트
When you see ABC store
웬 유 씨 에이비씨 스토어
on the right, turn right to the alley.
온 더 롸잇 턴 롸잇 투 디 앨리
From there, walk for 100m and you
프럼 데어 웍 포어 원헌드레드미터 앤 유
will find our shop in the SS building.
윌 파인 아워 샵 인 더 에스에스 빌딩

Client : What floor is your shop located on?
왓 플로어 이즈 유어 샵 로케이티드 온

Receptionist : On the second floor.
온 더 세컨 플로어

대화 5 도보

고　　객 : 종각 역에서 가는 방법 좀 가르쳐 주시겠어요?

접수직원 : 네. 7번 출구로 나오셔서 직진하세요.
오른쪽에 ABC 스토어가 보이면, 그 골목길로 우회전하세요.
거기서부터 100m 걸어가시면 SS 빌딩에 있는 저희 가게를 찾으실 거예요.

고　　객 : 가게가 몇 층에 있어요?

접수직원 : 2층에요.

Vocabulary

direction [dirékʃən] 디렉션	방면, 지시/설명서
exit [éksit] 엑씻	출구, 비상구
☐ an exit visa	출국비자
building [bíldiŋ] 빌딩	건물
floor [flɔ́:r] 플로어	바닥/건물의 층

Idiom

Can you give me ~?	저에게 ~을 주시겠어요? 예) Can you give me some magazines? (저에게 잡지 좀 주세겠어요?)
go straight	직진하다.
turn right (v)	우회전하다. =make a right =take a right
right turn (n)	우회전
turn left (v)	좌회전하다.
left turn (n)	좌회전

is located on ~	~에 있다, ~에 위치하다. 예) My house is located on the top of the hill. (우리 집은 언덕 꼭대기에 있다.)
the + 기수 + floor	~층
the first floor	1층
the first basement level	지하1층 기수(첫번째~열번째) : first-second-third-fourth-fifth -sixth-seventh-eighth-ninth-tenth

제3장 방문

01 예약방문

Dialog 6 *Visit with an Appointment*

Receptionist : Hi, how are you?

Client : I'm good, thank you. I made an appointment for a perm .

Receptionist : What's your name?

Client : Amy Park.

Receptionist : Did you make an appointment at 3 o'clock?

Client : Yes, I did.

Receptionist : Ok. You are on time.
Have a seat here.
You will be served in a minute.

Client : Thanks.

Receptionist : Hi, how are you?
하이 하와 유

Client : I'm good, thank you. I made an
아임 굿 땡큐 아이 메이던

appointment for a perm .
어포인먼트 포러 펌

Receptionist : What's your name?
왓츠 유어 네임

Client : Amy Park.
에이미 파크

Receptionist : Did you make an appointment at
디쥬 메이컨 어포인먼트 엣

3 o'clock?
뜨리 어클락

Client : Yes, I did.
예스 아이 디드

Receptionist : Ok. You are on time.
오케이 유 아 온 타임

Have a seat here.
해버 씻 히어

You will be served in a minute.
유 윌 비 써브드 인 어 미닛

Client : Thanks.
땡스

대화 6 예약 방문

접수직원 : 안녕하세요.

고　　객 : 안녕하세요.
　　　　　펌 예약을 하고 왔는데요.

접수직원 : 성함이 어떻게 되세요?

고　　객 : 에이미 박입니다.

접수직원 : 3시에 예약하셨어요?

고　　객 : 네, 맞아요.

접수직원 : 네, 제 시간에 오셨네요.
　　　　　앉으세요.
　　　　　곧 서비스를 받으실 거예요.

고　　객 : 감사합니다.

Vocabulary

perm [pə́:rm]	퍼머(n), 퍼머하다(v)
펌	=permanent

Idiom

What is ~ ~은 무엇입니까?
예) What is this? (이것은 무엇입니까?)

on time 제시간에, 정각에
예) You are on time. (제시간에 오셨군요.)
I cannot be there on time.
(제시간에 그곳에 갈 수가 없어요.)

have a seat 자리에 앉으세요.
have a meal 식사하세요.
in a minute 즉시, 당장
=soon
예) I will bring you one in a minute. (즉시 갖다 드릴게요.)

02 비예약 방문

Dialog 7 *Visit without an Appointment*

Client : Hello. Are you open now?

Receptionist : Yes. Come in.

Client : I need to get a haircut today.

Receptionist : Did you make a booking?

Client : No, I didn't.
Do you take walk-ins?

Receptionist : Yes. Would you mind waiting for a while?

Client : No, I don't. I can wait.

Receptionist : I will bring you some magazines to read.

Client : Thanks.

Client : Hello. Are you open now?
헬로우 아 유 오픈 나우

Receptionist : Yes. Come in.
예스 컴 인

Client : I need to get a haircut today.
아이 니드 투 겟 어 헤어컷 트데이

Receptionist : Did you make a booking?
디쥬 메이커 부킹

Client : No, I didn't.
노 아이 디든

Do you take walk-ins?
두 유 테이크 워킨스

Receptionist : Yes. Would you mind waiting
예스 우유 마인 웨이팅

for a while?
포러 와일

Client : No, I don't. I can wait.
노 아이 돈 아이 캔 웨잇

Receptionist : I will bring you some magazines
아이 윌 브링 유 썸 매거진스

to read.
투 뤼드

Client : Thanks.
땡스

대화 7 비예약 방문

고　　객 : 안녕하세요. 지금 영업하세요?

접수직원 : 네, 들어오세요.

고　　객 : 헤어커트를 하려고 하는데요.

접수직원 : 예약은 하셨나요?

고　　객 : 아니요.
예약 안했어도 받아주나요?

접수직원 : 네, 좀 기다리셔야 되는데 괜찮으시겠어요?

고　　객 : 네, 괜찮아요. 기다릴게요.

접수직원 : 읽을 잡지 좀 갖다 드리겠습니다.

고　　객 : 감사합니다.

Vocabulary

haircut [hέərkʌt]	커트/이발
헤어컷	=cut
¤ haircutter	이발사

Idiom

is(are) open is(are) closed	~을 시작하다, 영업하다 ~을 닫다, 영업을 끝내다 예1) We are open from 9 to 5. (우리는 9시부터 5시까지 영업합니다.) 예2) The shop is closed. (가게 영업이 끝나다.)
need to ~	~할 필요가 있다. 예) You need to know it. (당신은 그것을 알아둘 필요가 있다.)
make a booking	예약하다. =make an appointment =make a reservation
mind ~ing	~하는 것을 싫어하다. ~하는 것을 꺼려하다. ※의문문의 경우 대답 : 싫으면 Yes, 싫지 않으면 No 예) Do you mind dancing? (춤추는 걸 안 좋아하세요?) - Yes, I mind. (안 좋아해요.) - No, I dont mind. (괜찮아요.)
wait for a while	얼마동안 기다리다.

제4장 대기

01 음료 서비스

Dialog 8 *Beverage Service*

Assistant : I'm sorry. Your hair designer is with another client.
It will take about 15 minutes.

Customer : OK.

Assistant : Can I get you something to drink, while you are waiting?

Customer : What do you have?

Assistant : Coffee, tea, and water.

Customer : I will have coffee. Thank you.

Assistant : No problem.

Assistant : I'm sorry. Your hair designer is
어시스턴트 아임 쏘리 유어 헤어 디자이너 이즈
with another client.
위드 어너더 클라이언트
It will take about 15 minutes.
잇 윌 테이커바웃 피프틴 미닛츠

Customer : OK.
오케이

Assistant : Can I get you something to drink,
캔 아이 겟츄 썸띵 투 드링크
while you are waiting?
와일 유 아 웨이팅

Customer : What do you have?
왓 두 유 해브

Assistant : Coffee, tea, and water.
커피 티 앤 워러

Customer : I will have coffee. Thank you.
아이 윌 해브 커피 땡큐

Assistant : No problem.
노 프라블럼

대화 8 음료 서비스

보조원 : 죄송합니다. 담당미용사가 다른 손님머리를 하고 있습니다.
15분 정도 걸릴 것 같습니다.

고 객 : 알겠습니다.

보조원 : 기다리시는 동안 마실 것 좀 드릴까요?

고 객 : 뭐가 있는데요?

보조원 : 커피, 차, 물이 있습니다.

고 객 : 커피 마실게요. 감사합니다.

보조원 : 천만에요.

Vocabulary

assistant [əsístənt] 어시스턴트	조수/보조원
hair designer [héər dizáinər] 헤어 디자이너	미용사

Idiom

take +시간	얼마의 시간이 걸리다. 예) How long does it take from here to there? (여기에서 그곳까지 시간이 얼마나 걸려요?
about 15 minutes about 1 hour	15분 정도 1시간 정도
get +사람 +사물	누구에게 ~을 가져다 주다. =get +사물 for 사람 예) I will get you some food. (음식을 좀 가져다 드리겠습니다.)
have	먹다, 마시다. 가지다, 소유하다. ~하다. 예1) I have a meal. (나는 식사를 했다.) 예2) I have 5 pencils. (나는 연필 5자루를 가지고 있다.) 예3) Let's have a party. (우리 파티하자.)

while ~	~하는 동안 예) I'm going to study while you are sleeping. (네가 자는 동안 나는 공부할 거야.)
a cup of coffee	커피 한 잔
a cup of tea	차 한 잔
a glass of water	물 한 잔

02 소지품 보관

Dialog 9 *Keeping client's belongs*

Assistant : Your hair designer is ready to serve you.

Client : OK.

Assistant : I will take your jacket and bag.

Client : Thanks.

Assistant : You are welcome. Do you wanna put your umbrella in the basket?

Client : Oh, I'll put it there.

Assistant : OK.

Assistant : Your hair designer is ready to
유어 헤어 디자이너 이즈 뤠디 투
serve you.
써-브 유

Client : OK.
오케이

Assistant : I will take your jacket and bag.
아이 윌 테이크 유어 줘킷 앤 백

Client : Thanks.
땡스

Assistant : You are welcome. Do you wanna
유 아 웰컴 두 유 워너
put your umbrella in the basket?
풋츄어 엄브렐러 인 더 배스킷

Client : Oh, I'll put it there.
오 아일 푸릿 데어

Assistant : OK.
오케이

대화 9 소지품 보관

보조원 : 담당미용사가 도와드릴 준비가 되었습니다.

고 객 : 알겠습니다.

보조원 : 제가 손님 재킷과 가방을 보관해드리겠습니다.

고 객 : 감사합니다.

보조원 : 천만에요. 우산을 바구니에 넣으시겠어요?

고 객 : 아, 제가 넣을게요.

보조원 : 네.

Vocabulary

jacket [dǽkit]	재킷
줴킷	
⌑ clothes/dress/wear	옷
⌑ pants/trousers	바지
⌑ skirt	치마
⌑ coat	코트

bag [bǽg]	봉투, 봉지
백	= container
	가방 = baggage
⌑ handbag	핸드백
⌑ wallet	지갑
⌑ purse	작은지갑(여성용)

umbrella [ʌmbrélə]	우산
엄브렐러	
⌑ sunshade/parasol	양산

Idiom

is(are) ready to ~ ~할 준비가 되어있다.

예) I'm ready to go. (갈 준비가 되었어요.)

take +사물 ~을 가져가다/받아들다.

예) I will take your bag. (제가 당신의 가방을 받아갈게요.)

take +사람 to 장소 ~에 데리고 가다.
예) I had to take my child to the hospital.
(내 아이를 병원에 데리고 가야했다.)

You are welcome ~천만에요.
(Thanks에 대한 대답)
=No problem.
=It's my pleasure.

wanna ~ ~하기를 원하다.
=want to

I'll ~ 나는 ~을 할 것이다.
=I will

제5장 헤어스타일

01 헤어 커트

Dialog 10 Hair Cut

Stylist : Hello, I'm Sally.
I'm your hairdresser today.
Follow me and have a seat here.

Client : Thanks.

Stylist : How would you like your hair done?

Client : I'd like a hair cut.

Stylist : How short do you want (your hair)?

Client : Medium cut, please.

Stylist : How about hair bangs?

Client : Could you just trim a little bit?

Stylist : OK.

Stylist : Hello, I'm Sally.
헬로우 아임 샐리
I'm your hairdresser today.
아임 유어 헤어드뤠써 트데이
Follow me and have a seat here.
팔로우 미 앤 해버 씻 히어

Client : Thanks.
땡스

Stylist : How would you like your hair done?
하우쥬 라익 유어 헤어 던

Client : I'd like a hair cut.
아이드 라익커 헤어 컷

Stylist : How short do you want (your hair)?
하우 숄 두 유 원 (유어 헤어)

Client : Medium cut, please.
미디엄 컷 플리즈

Stylist : How about hair bangs?
하우 어바웃 헤어 뱅스

Client : Could you just trim a little bit?
크쥬 저스트 츄륌 어 리를 빗

Stylist : OK.
오케이

대화 10 헤어 커트

미용사 : 안녕하세요. 저는 샐리입니다.
오늘 손님의 머리를 담당할 헤어드레서입니다.
저를 따라오시고 여기 앉으세요.

고　객 : 감사합니다.

미용사 : 머리를 어떻게 해드릴까요?

고　객 : 잘라 주세요.

미용사 : 길이를 얼마나 짧게 해드릴까요?

고　객 : 적당히(중간 정도) 잘라 주세요.

미용사 : 앞머리는 어떻게 할까요?

고　객 : 조금만 다듬어 주세요.

미용사 : 알겠습니다.

Vocabulary

bang [bǽŋ] 뱅	앞머리
medium [míːdiəm] 미디엄	중간
trim [trím] 츄림	정돈하다/손질하다.

Useful Expressions

I want to chop it all off.
전체적으로 짧게 자르고 싶어요.

How short do you want your hair?
길이를 얼마나 짧게 해드릴까요?
(=How much do you want haircut?)

(A little bit) above the ears.
귀 위로 (조금) 짧게

(A little bit) below the ears.
귀를 덮을 정도로 (조금) 길게

Can you make layers in the back?
뒷머리는 층을 내서 잘라 주세요.

Could you just trim the back, please?
뒷머리만 손질해 주세요.

Could you trim it a little more on the sides?
옆머리를 조금 더 짧게 다듬어 주세요.

Please set my hair in the same style.
지금 있는 그대로 잘 다듬어만 주세요.

I have thick hair.
전 머리숱이 너무 많아요.

I have thin hair.
전 머리숱이 너무 적어요.

Could you thin my hair out?
머리숱 좀 쳐 주세요.
(=I want it thinned out.)

I have split ends.
머리끝이 갈라지다.

bind one's hair
머리를 묶다.

let(take) down one's hair
머리를 풀다.

let one's hair grow long
머리를 기르다.

braid one's hair
머리를 땋다.

have one's hair bobbed
단발머리를 하다.

part one's hair in the middle
가르마를 가운데에 타다.

comb (out) one's hair
빗으로 머리를 빗다.

※ Haircut 관련 용어

hair style 헤어 스타일	헤어스타일/머리모양 =hairdo
bob 밥	단발머리. =bobbed hair
brush cut 브뤄쉬 컷	머리를 짧게 깎기.
buzz cut 버즈 컷	짧게 깎은 머리. 일명 미군 머리. 옆은 면도하고 위는 짧게 깎아 세운 머리.
clippers 클리퍼스	커트 가위.
comb 코움	빗(n), 빗질하다(v) =brush
combing 코우밍	빗질.
crew cut 크루 컷	머리의 둥근면을 따라 전체 적으로 짧게 깎은 머리. 일명 스포츠머리.

eton crop
이튼 크랍

치켜 깎은 여자 단발.

part
파트

가르마.

shaggy cut
쉐기 컷

머리카락을 층을 내면서 숱을 쳐서 자르는 방법.

02 퍼머

Dialog 11 *Perm I*

Stylist : How do you want your hair done?

Client : I don't have a particular style in mind.
Do you have any recommendations?

Stylist : You have an oval face and any style will suit your shape.
Because it's winter now, curly hair would look nice on you.

Client : Great. I decided to have a perm.

Stylist : Would you like thick curls or small curls?

Client : Thick curls. I want it to look elegant.

Stylist : OK.

Stylist : How do you want your hair done?
하우 두 유 원트 유어 헤어 던

Client : I don't have a particular style in mind.
아이 돈 해버 퍼-티큘러 스타일 인 마인드

Do you have any recommendations?
두 유 해브 애니 뤠커멘대이션스

Stylist : You have an oval face and any style
유 해번 오우벌 페이스 앤 애니 스타일

will suit your shape.
윌 숫 유어 쉐이프

Because it's winter now, curly hair
비커즈 잇츠 윈터 나우 컬리 헤어

would look nice on you.
우드 룩 나이손 유

Client : Great. I decided to have a perm.
그뤠잇 아이 디사이디드 투 해버 펌

Stylist : Would you like thick curls or small curls?
우쥬 라익 틱 컬스 오어 스몰 컬스

Client : Thick curls. I want it to look elegant.
틱 컬스 아이 원 잇 투 룩 엘리건트

Stylist : OK.
오케이

대화 11 퍼머 I

미용사 : 어떤 스타일을 원하세요?

고　객 : 특별히 생각한 스타일이 없어요.
추천 좀 해주시겠어요?

미용사 : 손님 얼굴은 계란형이시니까,
어떤 스타일이라도 다 어울리세요.
지금 겨울이니까 웨이브가 잘 어울리실 것 같아요.

고　객 : 좋아요. 퍼머하기로 결정했어요.

미용사 : 퍼머를 굵게 해드릴까요, 아니면 가늘게 해드릴까요?

고　객 : 굵게요. 우아하게 보였으면 좋겠어요.

미용사 : 알겠습니다.

Vocabulary

particular [pərtíkjulər] 퍼티큘러	특별한
recommendation [rèkəmendéiʃən] 뤠커멘대이션	추천
suit [sú:t] 수트	어울리다(v), 쫓다(v), 옷 한 벌(n)
shape [ʃéip] 쉐이프	형태
winter [wíntər] 윈터	겨울
spring [spríŋ] 스프링	봄
summer [sʌ́mər] 써머	여름
fall/autumn [fɔ́:l / ɔ́:təm] 펄/오텀	가을
thick [θík] 틱	굵은/두꺼운
elegant [éligənt] 엘리건트	우아하게

Idiom

in mind
생각한/고려한, 마음속에 둔
예) She already has a plan in mind.
(그녀는 이미 마음속에 계획이 서있다.)

look nice on +사람
~에게 잘 어울리다
=look good on
예) That dress looks nice on you.
(그 드레스가 당신에게 잘 어울려요.)

look +형용사
~하게 보이다.
look elegant
우아하게 보이다.
look natural
자연스럽게 보이다.
예) You look happy. (당신은 행복해 보여요.)

Useful Expressions

How do you want your hair done?
어떤 스타일을 원하세요?

=What kind of a style do you want?
=What kind of look do you want?
=What style would you like?
=How do you want it styled?
=Is there any special style you want?

※ Hair Styles for The Shapes of Face

Oval(계란형)
any style

Long(긴형)
semi-long
curly hair/bangs

Round(둥근형)
long straight
hair

Square(사각형)
side part/thick curls
asymmetric cut

Triangular(삼각형)
short
any style

Heart(역삼각형)
medium
soft wave

Diamond(다이아몬드형)
medium
volume in the ends

Dialog 12 *Perm II*

Stylist : What kind of style do you want?

Client : I'd like to get a perm with natural waves.

Stylist : Long and straight hair is in this season.
How about magic straight perm?

Client : I prefer curly hair to straight hair.

Stylist : OK. How much do you want to cut your hair?

Client : Please trim the ends and bangs, because I am growing my hair out.
Can I look through a hair-style magazine?

Stylist : Sure.

Stylist : What kind of style do you want?
왓 카인더브 스타일 두 유 원

Client : I'd like to get a perm with natural
아이드 라익 투 게러 펌 위드 내추럴
waves.
웨입스

Stylist : Long and straight hair is in this
롱 앤 스츄뤠잇 헤어 이즈 인 디스
season.
시즌
How about magic straight perm?
하우 어바웃 매직 스츄뤠잇 펌

Client : I prefer curly hair to straight hair.
아이 프뤼퍼 컬리 헤어 투 스츄뤠잇 헤어

Stylist : OK. How much do you want to cut
오케이 하우 마취 두 유 원 투 컷
your hair?
유어 헤어

Client : Please trim the ends and bangs,
플리즈 츄림 디 엔즈 앤 뱅즈
because I am growing my hair out.
비커즈 아이 엠 그뤄잉 마이 헤어 아웃
Can I look through a hair-style
캔 아이 룩 뜨루 어 헤어 스타일
magazine?
매거진

Stylist : Sure.
슈어

대화 12 퍼머 II

미용사 : 어떤 스타일을 원하세요?

고 객 : 자연스런 웨이브가 있는 퍼머를 하고 싶어요.

미용사 : 이번 시즌에 롱 앤 스트레이트 퍼머가
유행인데요.
매직 스트레이트 퍼머는 어떠세요?

고 객 : 저는 스트레이트보다 컬을 더 좋아해요.

미용사 : 네, 알겠습니다.
머리 길이는 얼마나 자를까요?

고 객 : 머리끝하고 앞머리만 좀 다듬어 주세요.
머리를 기르고 있는 중이니까요.
헤어스타일 잡지 좀 봐도 될까요?

미용사 : 그럼요.

Vocabulary

natural [nǽtʃərəl] 내추럴	자연스러운
long [lɔ́:ŋ] 롱	긴
short [ʃɔ́:rt] 숄	짧은
medium [mí:diəm] 미디엄	중간의
straight [stréit] 스츄뤠잇트	곧은/일직선의
magic [mǽdʒik] 매직	매직/마법/마술

Idiom

get a perm	퍼머하다. =have a perm
be동사 +in this season	이번 시즌 유행이다. =be동사 +popular this season 예) This hair style is in this season. =This hair style is popular this season. (이 헤어스타일이 이번 시즌에 유행이예요.)

prefer A to B

B보다 A를 선호하다.

예) I prefer spring to fall.

(나는 가을보다 봄이 더 좋다.)

grow A out

A가 자라게 놔두다.

예) I've decided to grow my layers out.

(나는 층이 나게 자른 머리를 그대로 기르기로 했다.)

look through +사물

~을 살펴보다

~을 훑어보다

look through +사람

~을 못 본 척하다.

예1) She looked through her notes.

(그녀는 노트를 훑어보았다.)

예2) He just looked straight through me.

(그는 나를 못 본 척 그저 앞만 바라보았다.)

Useful Expressions

I'd like to get a perm.

퍼머를 하고 싶어요.

(=I want my hair permed.)

※ Hair perm & texture 관련 용어

curly 컬리	곱슬(컬)
wave 웨이브	웨이브
kinky hair 킨키 헤어	곱슬곱슬한 흑인들의 머리
frizzy hair 프뤼지 헤어	작게 컬한 머리
curling iron 컬링 아이언	머리 마는 기계
straightening iron 스츄뤠이트닝 아이언	머리 피는 기계
straight hair 스츄뤠잇 헤어	직모(스트레이트)
straight perm 스츄뤠잇 펌	스트레이트 퍼머

03 드라이

Dialog 13 *Blow-dry after Shampooing*

Stylist : Your hair looks very crispy.
Do you blow-dry your hair with a dryer or leave it until it dries?

Client : I usually blow-dry my hair with a dryer.

Stylist : If so, when you use a dryer, you have to blow your hair dry with cool breeze.
Hot breeze makes your hair damaged and extremely dry.

Client : Oh, I got it.
Thank you for your good information.

Stylist : My pleasure.

Stylist : Your hair looks very crispy.
유어 헤어 룩스 베리 크리스피
Do you blow-dry your hair with a
두 유 블로우드라이 유어 헤어 위더
dryer or leave it until it dries?
드라이어 오어 리브 잇 언틸 잇 드라이즈

Client : I usually blow-dry my hair with a dryer.
아이 유주얼리 블로우드라이 마이 헤어 위더 드라이어

Stylist : If so, when you use a dryer, you
이프 소우 웬 유 유즈어 드라이어 유
have to blow your hair dry with cool
해브 투 블로우 유어 헤어 드라이 위드 쿨
breeze.
브뤼즈
Hot breeze makes your hair damaged
핫 브뤼즈 매익스 유어 헤어 대미쥐드
and extremely dry.
앤 익스츄뤼믈리 드라이

Client : Oh, I got it.
오우 아이 가릿
Thank you for your good information.
땡뀨 포어 유어 굿 인풔매이션

Stylist : My pleasure.
마이 플레져

대화 13 샴푸 후 머리 말리기

미용사 : 손님 머리가 너무 푸석푸석해요.
드라이어로 머리를 말리세요, 아니면 마를 때까지 그냥 두세요?

고　객 : 보통 드라이어로 머리를 말려요.

미용사 : 그러시면, 드라이어를 사용하실 때 찬바람으로 머리를 말리셔야 돼요.
뜨거운 바람은 머리카락을 손상시키고 극도로 건조하게 만들거든요.

고　객 : 아, 알겠습니다.
좋은 정보 감사해요.

미용사 : 천만에요.

Vocabulary

crispy [kríspi] 크뤼스피	푸석푸석한, 바삭바삭한 예) I like crispy cookies. (나는 바삭바삭한 과자를 좋아한다.)
leave [lí:v] 리브	방치하다, 그대로 두다
breeze [brí:z] 브뤼즈	바람
extremely [ikstrí:mli] 익스츄뤼믈리	극도로/극심하게
information [ìnfərméiʃən] 인풔매이션	정보/자료

Idiom

blow-dry

(머리를 드라이어로)말리다.
드라이어로 스타일링하다.

blow-dry one's hair

=blow one's hair dry

예1) I let the breeze from an electric fan blow my hair dry.

(나는 선풍기 바람에 머리를 말렸다.)

예2) I'd like to shampoo and blow-dry my hair.

(샴푸하고 드라이(스타일링) 해주세요.)

have to ~	~해야 한다.(의무) =should 예) You have to go there.(너는 거기 가야 된다.)
I got it.	알았어요.(이제 이해하다.) =I see.
I know.	이미 알고 있어요.
My pleasure	천만에요. (Thanks에 대한 대답) =You ar welcome. =No problem. =The pleasure is mine.

Dialog 14 Blow-dry for Hairstyling

Client : I need a blow-dry.

Stylist : Is there any special style you want?

Client : I want more volume in the back.

Stylist : How would you like hair bangs done?

Client : Leave my bangs long enough to cover my forehead.

Stylist : Do you usually part your hair in the middle?

Client : Yes, I do.

Stylist : OK. We will shampoo first and then I will style your hair.

Client : I need a blow-dry.
아이 니더 블로우드롸이

Stylist : Is there any special style you want?
이즈 데어 애니 스페셜 스타일 유 원트

Client : I want more volume in the back.
아이 원 모어 발륨 인 더 백

Stylist : How would you like hair bangs done?
하우쥬 라익 헤어 뱅스 던

Client : Leave my bangs long enough to cover
리브 마이 뱅스 롱 이너프 투 커버
my forehead.
마이 포어헤드

Stylist : Do you usually part your hair in the
두 유 유주얼리 파트 유어 헤어 인 더
middle?
미들

Client : Yes, I do.
예스 아이 두

Stylist : OK. We will shampoo first and then I
오케이 위 윌 샴푸 퍼스트 앤 덴 아이
will style your hair.
윌 스타일 유어 헤어

대화 14 헤어스타일링을 위한 드라이

고 객 : 드라이를 하고 싶은데요.

미용사 : 특별히 원하는 스타일이 있으세요?

고 객 : 뒷머리에 볼륨을 더 넣었으면 좋겠어요.

미용사 : 앞머리는 어떻게 하길 원하세요?

고 객 : 이마를 덮을 수 있을 만큼 길게 놔둬주세요.

미용사 : 가르마는 보통 가운데로 하세요?

고 객 : 네, 그렇습니다.

미용사 : 알겠습니다. 샴푸 후에 스타일을 내드릴게요.

Vocabulary

special [spéʃəl] 스페셜	특별한
style [stáil] 스타일	스타일/모양 (n) 스타일을 내다 (v), 디자인하다 (v)
more [mɔ́:r] 모어	좀 더
volume [válju:m] 발륨	볼륨/부피
cover [kʌ́vər] 커버	덮다/가리다
part [pá:rt] 파트	가르마/부분

Idiom

in the back 뒤에

part one's hair in the middle 가르마를 가운데로 타다
part one's hair on the left(right) 가르마를 왼(오른)쪽으로 타다
part one's hair at the side 가르마를 옆으로 타다

enough to +동사 ~할만큼 충분한

예) I didn't have enough clothes to last a week.

(나는 1주일 견딜만큼 충분한 옷이 없었다.)

enough for +명사 ~에 충분한

예) There was food enough for all.

(모두가 먹을 수 있을 만큼의 음식이 있었다.)

~first and then 우선 ~하고 그리고 나서

예) Let's eat first and then work.

(우선 먹고 그리고 나서 일하자.)

※ Blow-dry 관련용어

dryer 드롸이어	드라이어(머리말리는 기계) = drier
water spray 워터 스프뤠이	분무기
roll brush 롤 브뤄쉬	롤 브러시(드라이용)

※ Hair-Styling 제품 관련용어

hair wax 헤어 왁스	헤어 왁스
hair gel 헤어 젤	헤어 젤
hair spray 헤어 스프레이	헤어 스프레이
hair mousse 헤어 무스	헤어 무스
hair glades 헤어 글래이즈	헤어 글래이즈

제6장 샴푸

01 샴푸과정

Dialog 15 *Shampoo*

Assistant : Take a seat and lean your back please.
I'm going to lower your seat.

Client : OK.

Assistant : Are you comfortable now?

Client : Yes, I am.

Assistant : I'm going to cover your face with a towel.
Let me know if the water is too
hot or cold for you.

Client : OK.

Assistant : We are done.

Assistant : Take a seat and lean your back please.
테이커 씻 앤 린 유어 백 플리즈
I'm going to lower your seat.
아임 고잉 투 로워 유어 씻

Client : OK.
오케이

Assistant : Are you comfortable now?
아 유 컴퍼터블 나우

Client : Yes, I am.
예스 아이 엠

Assistant : I'm going to cover your face with a towel.
아임 고잉 투 커버 유어 페이스 위드 어 타월
Let me know if the water is too
렛 미 노우 이프 더 워러 이즈 투
hot or cold for you.
핫 오어 코울드 풔 유

Client : OK.
오케이

Assistant : We are done.
위 아 던

대화 15 샴푸

보조원 : 앉으셔서 뒤로 기대세요.
의자를 내려드리겠습니다.

고 객 : 네.

보조원 : 지금 편안하세요?

고 객 : 네, 편안해요.

보조원 : 수건으로 얼굴을 가려드리겠습니다.
물이 뜨겁거나 차가우면 저에게 알려 주세요.

고 객 : 네.

보조원 : 다 되셨습니다.

Vocabulary

lean [lín] 린	기대다.
seat [sí:t] 씻	자리, 좌석
¤ chiar 체어	의자
¤ stool 스툴	(등받이, 팔걸이 없는) 의자
comfortable [kʌ́mftəbl] 컴풔터블/컴풔러블	편안한
¤ uncomfortable 언컴풔터블/언컴퍼러블	불편한
water [wɔ́:tər] 워터/워러	물
hot [hɔ́t/hát] 핫	뜨거운
cold [kóuld] 코울드	차가운
ukewarm/tepid [lú:kwɔ́:rm / tépid] 룩웜 테피드	미지근한

Idiom

Take a seat　　앉으세요.

=Have a seat.

lean +몸/물건 +(on/against) ~　　기대다.

예1) She leaned back and shut her eyes.(그녀는 뒤로 기대고 눈을 감았다.)

예2) Lean your neck on/against the sink.(세면대에 목을 받치고 기대보세요.)

lower one's seat　　의자를 내리다.

I'm going to lower your seat.　　의자를 내려드릴게요.

I'm going to adjust the height of your seat.

의자 높이를 조절해드릴게요.

Let me know ~　　~을 알려주세요.

예) Let me know your name.

(당신의 이름을 알려주세요.)

Let me know if ~　　~하면 알려주세요.

예) Please let me know if you'll be late.

(늦게되면 저에게 알려주세요.)

too +형용사　　너무 ~한

too +형용사 +to +동사　　너무 ~해서 …할 수 없는

예) This food is too hot to eat.

(이 음식은 너무 뜨거워서 먹을 수가 없다.)

be동사 +done　　끝내다. 다하다.

We are done.　　다 되었어요.

=It is done.

※ Shampoo 관련 용어

shampoo 샴푸	샴푸 (n), 샴푸하다 (v)
conditioner 컨디셔너	린스
towel 타월	타월
sink/basin 싱크 베이슨	세면대
temperature 템퍼뤄춰	온도
the temperature of the water	물 온도

제7장 염색

01 컬러 선택

Dialog 16 *Choosing colors*

Client : I'd like to dye my hair.

Stylist : What color do you prefer?

Client : Can you show me a sample of colors
I can choose from?

Stylist : Sure, I will bring you a sample.

Client : Let me see.
I'd like to dye my hair this dark
brown all over.

Stylist : That's perfect.
The color goes well with your skin tone.

Client : I'd like to dye my hair.
아이드 라익 투 다이 마이 헤어

Stylist : What color do you prefer?
왓 컬러 두 유 프리풔

Client : Can you show me a sample of colors
캔 유 쇼우 미 어 샘플 오브 컬러스
I can choose from?
아이 캔 츄즈 프럼

Stylist : Sure, I will bring you a sample.
슈어 아이 윌 브링 유 어 샘플

Client : Let me see.
렛 미 씨
I'd like to dye my hair this dark
아이드 라익 투 다이 마이 헤어 디스 다크
brown all over.
브롸운 올 오버

Stylist : That's perfect.
댓츠 펄픽트
The color goes well with your skin tone.
더 컬러 고우즈 웰 위드 유어 스킨 토운

대화 16 컬러 선택

고 객 : 머리 염색하려고 하는데요.

미용사 : 어떤 색상을 좋아하세요?

고 객 : 색상 선택하게 컬러샘플 좀 보여주시겠어요?

미용사 : 네, 샘플을 가져오겠습니다.

고 객 : 어디보자.
이 어두운 갈색으로 머리 전체를 염색하고 싶어요.

미용사 : 완벽합니다.
그 색상은 손님 피부색과 잘 어울립니다.

Vocabulary

sample [sǽmpl] 샘플	샘플/견본
choose [tʃúːz] 츄즈	고르다/선택하다
perfect [pə́ːrfikt] 펄픽트	완전한/완벽한
skin [skín] 스킨	피부

Idiom

Can you show me ~?	저에게 보여주실래요? 예) Can you show me your notebook? (네 공책 좀 보여줄래?)
let me see	가만있자/어디보자 (기억이나 생각하려할 때) =let me think =let's see
all over	곳곳에/전체에 예) Korean cell phone is very popular all over the world. (한국 핸드폰은 전 세계에서 매우 유명하다.)

go well with 어울리다.

예) Please show me a bag that would go well with these shoes?

(이 구두와 어울리는 가방 좀 보여주실래요?)

02 염색

Dialog 17 *Coloring*

Stylist : Would you like to have your hair dyed?

Client : Yes, I'd like to have it dyed a light brown with red highlights.

Stylist : We need to bleach it first, because your hair is very dark.

Client : How long does it take in total?

Stylist : It takes about 3 hours.

Client : How long would this coloring last?

Stylist : It will last almost forever.
But you need to touch up later.

Stylist : Would you like to have your hair
우쥬 라익 투 해브 유어 헤어
dyed?
다이드

Client : Yes, I'd like to have it dyed a light
예스 아이드 라익 투 해빗 다이더 라잇
brown with red highlights.
브롸운 위드 뤠드 하일라잇츠

Stylist : We need to bleach it first, because
위 니드 투 블리췻 풔스트 비커즈
your hair is very dark.
유어 헤어 이즈 베리 달크

Client : How long does it take in total?
하우 롱 더즈 잇 테이크 인 토틀

Stylist : It takes about 3 hours.
잇 테익스 어바웃 뜨리 아우어스

Client : How long would this coloring last?
하우 롱 우드 디스 컬러링 래스트

Stylist : It will last almost forever.
잇 윌 래스트 올모우스트 풔에버
But you need to touch up later.
벗 유 니드 투 텃취 업 레이터

대화 17 염색

미용사 : 머리 염색 하시겠어요?

고 객 : 네, 밝은 갈색으로 염색하고 빨간색 하이라이트를 하고 싶어요.

미용사 : 손님 머리카락 색상이 너무 어두워서 먼저 탈색을 하셔야 돼요.

고 객 : 모두 다 해서 시간이 얼마나 걸릴까요?

미용사 : 3시간 정도 걸립니다.

고 객 : 이 염색은 얼마나 오래 갈까요?

미용사 : 거의 영구적으로 갈 거예요.
그렇지만 나중에 자라나온 머리에는 재염색을 하셔야 해요.

Vocabulary

total [tóutl]	전체의/총
토틀/토를	
in total	전체로서/통틀어서
totally	완전히/전적으로
last [lǽst]	쉬지 않고 계속되다
래스트	=continue
almost [ɔ́:lmoust]	거의/대부분
올모우스트	
forever [fɔ:révər]	영원히/끝없이
풔에버	
later [léitər]	뒤에/나중에
레이터/레이러	

Useful Expressions

I want dye my hair.
염색 하고 싶어요.(내가 직접)

I want my hair dyed.
염색하고 싶어요.(미용사에게 부탁)

I would like to change the color of my hair.
머리색을 바꾸고 싶어요.

I'd like to get my hair dyed.
염색해 주세요.(=I'd like to have my hair colored.)

What color do you want?
무슨 컬러를 원하세요?

What color do you prefer?
어떤 컬러를 좋아하세요?(=What color do you like?)

I'd like to keep my color looking natural.
자연스럽게 보이는 컬러를 유지하고 싶어요.

※ Hair coloring 관련 용어

dye 다이	염색 (n) =coloring 염색하다 (v)
hairdye 헤어 다이	염색약/염모제
bleach 블리취	블리치/탈색 =decoloring
highlight 하일라이트	하이라이트/밝은 색상의
touch up 텃취 업	재염색(염색 후 자란 부분에)
tone 토운	색조
grey 그뤠이	회색/새치

제8장 모발 관리

01 모발 관리

Dialog 18 *Hair Care*

Stylist : Are there anything special we need to know about your hair before we start?

Client : I think my hair has been damaged from coloring. How can I fix that?

Stylist : You have split ends and very dry hair. So, I'm going to trim them first. You should use products that will repair hair damage.

Client : What would you recommend?

Stylist : I recommend this treatment. It is gentle and nourishing.

Stylist : Are there anything special we need
알 데어 애니띵 스페셜 위 니드
to know about your hair before we start?
투 노우 어바웃 유어 헤어 비풔 위 스딸트

Client : I think my hair has been damaged
아이 띵크 마이 헤어 해즈 빈 대미쥐드
from coloring. How can I fix that?
프럼 컬러링 하우 캔 아이 픽스 댓

Stylist : You have split ends and very dry hair.
유 해브 스플릿 엔즈 앤 붸리 드롸이 헤어
So, I'm going to trim them first.
쏘 아임 고잉 투 츄림 뎀 풜스트
You should use products that will
유 슈드 유즈 프러덕츠 댓 윌
repair hair damage.
뤼페어 헤어 대미쥐

Client : What would you recommend?
왓 우쥬 뤠커멘드

Stylist : I recommend this treatment.
아이 뤠커멘 디스 츄륏먼트
It is gentle and nourishing.
잇 이즈 젠틀 앤 나뤼쉬

대화 18 모발 관리

미용사 : 시작하기 전에 손님 머리에 대해 특별히 알아야 할 사항이 있나요?

고 객 : 염색 때문에 모발이 많이 손상된 것 같아요. 어떻게 해야 되죠?

미용사 : 끝이 갈라지고, 너무 건조하네요. 우선, 갈라진 모발 끝을 다듬어 드릴게요. 손상된 모발을 회복시켜줄 제품을 사용하셔야 되요.

고 객 : 무엇을 추천하세요?

미용사 : 이 트리트먼트를 추천합니다. 저자극성이고 영양분을 공급해줍니다.

※ Hair Care 관련 용어

dandruff 댄드뤄프	비듬
psoriasis 써롸이어시스	버짐/건선
lice 라이스	이
damaged hair 대미쥐드 헤어	손상된 머리
split ends 스플릿 엔즈	머리끝이 갈라짐
hair loss 헤어 로스	탈모
dry hair 드롸이 헤어	건성 머리
moisturizing 모이스춰롸이징	보습
nourishing 나뤄싱	영양분
treatment 츄륏먼트	트리트먼트
the root of the hair 더 룻트 오브 더 헤어	모근
scalp 스캘프	두피

제9장 피부 관리

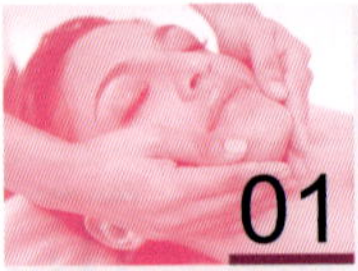

01 피부 관리

Dialog 19 *Skin Type*

Masseur : Please lie down on this bed.
I will start with a deep cleansing.

Client : OK.
I'm concerned about my oily skin.

Masseur : Oily skin can cause several skin problems, including blackheads, shiny skin, and acne.

Client : Right.

Masseur : Try to use a mask made of clay at home.
And reduce your stress.

Masseur : Please lie down on this bed.
머써 플리즈 라이 다운 온 디스 베드

I will start with a deep cleansing.
아이 윌 스딸트 위드 어 딥 클렌징

Client : OK.
오케이

I'm concerned about my oily skin.
아임 칸썬드 어바웃 마이 오일리 스킨

Masseur : Oily skin can cause several skin
오일리 스킨 캔 커즈 쎄버럴 스킨

problems, including blackheads,
프롸블럼스 인클루딩 블랙헤즈

shiny skin, and acne.
샤이니 스킨 앤 애크니

Client : Right.
롸잇

Masseur : Try to use a mask made of clay at home.
츄라이 투 유즈 어 매스크 매이더브 클래이 엣 호움

And reduce your stress.
앤 뤼듀스 유어 스츄뤠스

대화 19 피부 타입

Masseur : 이 침대에 누우세요.
딥 클렌징부터 시작하겠습니다.

Client : 네.
저는 지성피부 때문에 걱정이 많아요.

Masseur : 지성피부는 블랙헤드, 번들거리는 피부, 여드름을 포함한 몇 가지 피부 문제를 일으키죠.

Client : 맞아요.

Masseur : 찰흙으로 만든 마스크를 집에서 사용해 보세요.
그리고 스트레스를 줄이세요.

Vocabulary

masseur [məsə́:r] 머써	마사지사
bed [béd] 베드	침대
deep [dí:p] 딥	깊은
cleansing [klénziŋ] 클렌징	클렌징/정화
cause [kɔ́:z] 커즈	원인(n), 원인이 되다(v) ~을 일으키다
several [sévərəl] 쎄버럴	몇 개의
problem [prábləm] 프롸블럼	문제
shiny [ʃáini] 샤이니	빛나는
mask [mǽsk] 매스크	마스크/가면
clay [kléi] 클래이	찰흙
mud [mʌ́d] 머드	머드/진흙

home [hóum] 집/가정
호움

reduce [ridjús] 줄이다.
뤼듀스

stress [strés] 스트레스/압력
스츄뤠스

Idiom

lie down 눕다.
예) Go and lie down for a while.
(가서 잠시 누워있어요.)

be동사 +concerned about ~ ~에 대해 걱정하다.
~에 대해 관심갖다.
예) There is nothing to be concerned about.
(걱정할 거 없다.)

including ~ ~을 포함하여
예) It's 20 dollars including tax.
(세금을 포함하여 20달러입니다.)

try to ~ ~을 시도하다.
노력하다.
예) You should try to achieve your goal.
(너의 목표를 달성하기 위해 노력해야 한다.)

made of ~ ~으로 만든

예) This ring is made of gold.

(이 반지는 금으로 만들어져있다.)

※ Skin Care 관련 용어

facial massage 얼굴 마사지
페이셜 마싸지

deep cleansing 딥 클렌징
딥 클렌징

oily skin 지성 피부
오일리 스킨

dry skin 건성 피부
드롸이 스킨

sensitive skin 민감성 피부
쎈시티브 스킨

skin trouble 피부 트러블
스킨 츄러블

blackheads 블랙헤드(꼭지가 검어진 여드름)
블랙헤즈

sebum 피지
씨범

acne 여드름
애크니

제10장 메이크업

01 파티 메이크업

Dialog 20 *Prom*

Client : I need to put on my makeup.

M/U artist : Do you have a special event?

Client : Yes. I have a prom tonight.

M/U artist : Oh, fantastic.
What color is your dress?

Client : It's blue.

M/U artist : OK. Shimmer makeup is in this season.
I recommend shimmer blue for your eye shadow and lip gloss to match for your dress.

Client : I'll leave it up to you.
Just do whatever is best for me .

Client : I need to put on my makeup.
아이 니드 투 푸톤 마이 메이컵

M/U artist : Do you have a special event?
메이컵 아-티스트 두 유 해버 스페셜 이벤트

Client : Yes. I have a prom tonight.
예스 아이 해버 프람 트나잇

M/U artist : Oh, fantastic.
오우 판태스틱
What color is your dress?
왓 컬러 이즈 유어 드뤠스

Client : It's blue.
잇츠 블루

M/U artist : OK. Shimmer makeup is in this season.
오케이 쉬머 메이컵 이즈 인 디스 시즌
I recommend shimmer blue for your eye shadow and lip gloss to match for your dress.
아이 뤠커멘드 쉬머 블루 풔 유어 아이 쉐도우 앤 립 글로스 투 맷취 풔 유어 드뤠스

Client : I'll leave it up to you.
아윌 리브 잇 업 투 유
Just do whatever is best for me.
저스트 두 왓에버 이즈 베스트 풔 미

대화 20 댄스파티

고　　객 : 메이크업 해주세요.

메이크업아티스트 : 특별한 이벤트가 있으세요?

고　　객 : 네. 오늘밤 댄스파티가 있어요.

메이크업아티스트 : 오, 환상적이네요.
손님 드레스는 무슨 색상이세요?

고　　객 : 블루 색상이예요.

메이크업아티스트 : 알겠습니다.
이번 시즌 쉬머 메이크업이 유행이예요.
드레스와 어울리는 쉬머 블루 아이섀도와
립글로스를 권합니다.

고　　객 : 당신에게 맡길게요.
무엇이든 저에게 가장 잘 어울리는 것
으로 해주세요.

Vocabulary

makeup [méikʌp] 메이컵	화장/분장 =make-up =M/U
M/U artist [méikʌp ɑ:rtist] 메이컵 아티스트	메이크업 아티스트
event [ivént] 이벤트	이벤트/행사
prom [prám] 프람	댄스파티
tonight [tənáit] 트나잇	오늘밤
fantastic [fæntǽstik] 판태스틱	환상적인
dress [drés] 드뤠스	드레스
shimmer [ʃímər] 쉬머	희미하게 반짝이다
match [mǽtʃ] 맷취	어울리다
whatever [hwʌtévər] 왓에버	무엇이든지

Idiom

put on A — A를 하다/입다/쓰다

=put +A +on

put on makeup — 메이크업을 하다.

put on a jacket — 재킷을 입다.

put on a gold crown — 금관을 쓰다.

예) Are you going to put on your coat?

(코트 입을 거니?)

=Are you going to put your coat on?

leave A up to B — A를 B에게 맡기다.

예) I've decide to leave everything up to fate.

(모든 것을 운명에 맡기기로 했다.)

be동사 +best for ~ — 가장 잘 어울리다.

가장 적합하다.

예) What kind of makeup is best for me?

(어떤 종류의 메이크업이 저에게 가장 잘 어울릴까요?)

02 웨딩 메이크업

Dialog 21 *Wedding*

Client : I want to talk about my wedding makeup.

M/U artist : Congratulations! Could you tell me when your wedding is?

Client : It is May 4th.

M/U artist : Oh, you are a bride of May.
Do you have a particular style of makeup in mind?

Client : Not really. But I'd just like to look graceful.

M/U artist : OK. Your makeup should be a pink tone.
And I will do corrective makeup and use individual lashes.

Client : I want to talk about my wedding
아이 원 투 토커바웃 마이 웨딩
makeup.
메이컵

M/U artist : Congratulations! Could you tell me
콩그뤠출레이션스 쿠쥬 텔 미
when your wedding is?
웬 유어 웨딩 이즈

Client : It is May 4th.
잇 이즈 메이 풔뜨

M/U artist : Oh, you are a bride of May.
오우 유 아러 브롸이드 오브 메이
Do you have a particular style of
두 유 해버 파티큘러 스타일 오브
makeup in mind?
메이컵 인 마인드

Client : Not really. But I'd just like to
낫 뤼얼리 벗 아이드 저스트 라익 투
look graceful.
룩 그뤠이스풀

M/U artist : OK. Your makeup should be a
오케이 유어 메이컵 슈드 비 어
pink tone.
핑크 토운
And I will do corrective makeup
앤 아이 윌 두 코렉티브 메이컵
and use individual lashes.
앤 유즈 인디비쥬얼 래쉬스

대화 21 결혼

고　객 : 제 웨딩 메이크업을 상담하고 싶어요.

메이크업아티스트 : 축하드립니다! 결혼식은 언제이신지 알려주시겠어요?

고　객 : 5월 4일이예요.

메이크업아티스트 : 아, 5월의 신부이시네요.
특별히 마음에 두고 계신 스타일이 있으신가요?

고　객 : 그렇진 않지만, 그냥 우아하게 보이고 싶어요.

메이크업아티스트 : 알겠습니다. 메이크업은 핑크톤으로 하구요.
수정 메이크업을 한 후 한 올씩 붙이는 인조속눈썹 사용하겠습니다.

Vocabulary

wedding [wédiŋ] 웨딩	결혼식 =marriage
congratulation [kəngrætʃuléiʃən] 콩그췌출레이션	축하
Congratulations! 콩그췌출레이션스	축하합니다!
bride [bráid] 브롸이드	신부
bridegroom 브롸이드그룸	신랑
graceful [gréisfəl] 그뤠이스풀	우아한
corrective [kəréktiv] 코렉티브	교정의/수정의

Idiom

talk about ~	~에 대해 얘기하다.
talk with ~	~와 얘기하다.
look +형용사	~하게 보이다.
look like ~	~처럼 보이다.

예) I want to look gorgeous.
(아름답게 보이고 싶어요.)

I want to look sexy.
(섹시하게 보이고 싶어요.)

※ Face 관련 용어

face 페이스	얼굴
hair line 헤어 라인	헤어라인(얼굴과 헤어의 경계선)
face line 페이스 라인	얼굴 라인(헤어라인 제외한 얼굴선)
forehead 포어헤드	이마
eye 아이	눈
eyebrow 아이브롸우	눈썹
eyelash 아이래쉬	속눈썹
eyelid 아이리드	눈꺼풀
eyehole 아이홀	눈두덩 들어간 부위
nose 노우즈	코
lip 립	입술
cheek 칙	볼
chin 친	턱

※ Makeup 관련 용어

foundation 퐈운대이션	파운데이션
powder 파우더	분(파우더)
liquid 리꾸워드	리퀴드(액체)
cream 크륌	크림
eyeliner 아일라이너	아이라이너
mascara 매스캐러	마스카라
eye shadow 아이 쉐도우	아이섀도
blusher 블러셔	블러셔(볼터치)
lipstick 립스	립스틱
lip gloss 립 글로스	립글로스
lip balm 립 밤	립밤
glossy 글로시	글로시(반짝반짝 빛나는)
matte 맷트	매트(뽀송뽀송한)

pearl
펄
펄이 있는

smokey makeup
스모키 메이컵
스모키(그윽한) 메이크업

shimmer makeup
쉬머 메이컵
쉬머(은은한) 메이크업

glamour makeup
글래머 메이컵
글래머(육감적인) 메이크업

sexy makeup
섹시 메이컵
섹시한 메이크업

제11장 네일 관리

01 네일 관리

Dialog 22 *Manicure Service*

Client : I'd like to get my nails done.

Nailist : The skin on your hands is hard and rough.
I think you need to get a manicure service.

Client : What is included in a manicure service?

Nailist : The program involves a softening hand nail, nail shaping, hand massage, and nail painting.

Client : That's perfect for me.

Client : I'd like to get my nails done.
아이드 라익 투 겟 마이 네일스 던

Nailist : The skin on your hands is hard and rough.
네일리스트 더 스킨 온 유어 핸즈 이즈 하드 앤 뤄프

I think you need to get a manicure service.
아이 띵크 유 니드 투 겟 어 매니큐어 써비스

Client : What is included in a manicure service?
왓 이즈 인클루디드 인 어 매니큐어 써비스

Nailist : The program involves a softening
더 프로우그램 인발브스 어 소프닝

hand nail, nail shaping, hand massage,
핸드 네일 네일 쉐이핑 핸드 마싸쥐

and nail painting.
앤 네일 페인팅

Client : That's perfect for me.
댓츠 펄픽트 풔 미

대화 22 매니큐어 서비스

Client : 손톱손질 좀 하고 싶어요.

Nailist : 손님 손의 피부가 딱딱하고 거치네요.
제 생각에는 매니큐어 서비스를 받으셔야
할 것 같아요.

Client : 매니큐어 서비스에 무엇이 포함되어 있나요?

Nailist : 그 프로그램은 손톱 연화, 손톱 모양잡기,
손 마사지, 손톱 칠하기가 포함되어 있어요.

Client : 저한테 딱 맞겠네요.

Vocabulary

nailist [néilist] 네일리스트	네일 관리사 =nail artist =nail technician
hard [há:rd] 하드	단단한/딱딱한
rough [rʌ́f] 뤄프	거칠거칠한
service [sə́:rvis] 써비스	서비스
program [próugræm] 프로우그램	프로그램/진행순서
softening [sɔ́:fəniŋ] 소프닝	연화

Idiom

be +included in ~

~에 포함되다.

=be +involved in

예) What is included in the price?

(그 가격에는 무엇이 포함되어 있나요?)

involve ~

~을 포함하다, ~에 연루되다.

=include ~

예) Many of crimes involves drugs.

(범죄 중 많은 부분이 마약에 연루되어 있다.)

perfect for ~
perfect to ~

~에게 딱 맞다.

~하기에 딱 맞다.

~하기에 적합하다.

예1) It is perfect to my taste.

(그것은 내 입맛에 딱 맞는다.)

예2) Today is perfect for doing my shopping.

(오늘은 쇼핑하기에 딱 알맞은 날이다.)

02 네일 아트

Dialog 23 *Nail Coloring*

Nailist : What shape would you like to have for your nails?

Client : I'd like to have a square shape.

Nailist : OK. And what color do you want?

Client : I want to have a french nail with pink and white.

Nailist : Good idea. What about this nail polish?

Client : Oh. I don't like that pink.
It's too vivid.
Can I choose another one?

Nailist : Sure.

Nailist : What shape would you like to have
왓 쉐이프 우쥬 라익 투 해브
for your nails?
풔 유어 네일스

Client : I'd like to have a square shape.
아이드 라익 투 해버 스퀘어 쉐이프

Nailist : OK. And what color do you want?
오케이 앤 왓 컬러 두 유 원트

Client : I want to have french nails with pink
아이 원 투 해버 프렌치 네일스 위드 핑크
and white.
앤 와이트

Nailist : Good idea. What about this nail polish?
굿 아이디어 왓 어바웃 디스 네일 팔리쉬

Client : Oh, I don't like that pink.
오우 아이 돈 라익 댓 핑크
It's too vivid.
잇츠 투 비비드
Can I choose another one?
캔 아이 츄즈 어너더 원

Nailist : Sure.
슈어

대화 23 네일 컬러링

네일관리사 : 손톱은 어떤 모양으로 다듬어 드릴까요?

고　　객 : 사각형 모양으로 해주세요.

네일관리사 : 알겠습니다.
그리고 어떤 색깔로 칠해드릴까요?

고　　객 : 핑크와 화이트 색깔로 프렌치 네일을 해주세요.

네일관리사 : 좋은 생각이세요. 이 핑크 색깔은 어떠세요?

고　　객 : 아, 그 색깔은 싫은데요.
너무 강렬해요.
다른 것을 선택해도 될까요?

네일관리사 : 물론이죠.

Vocabulary

square [skwέər] 스퀘어	사각형 =rectangularity 탱귤래뤄티
vivid [vívid] 비비드	강렬한/선명한
another [ənʌ́ðər] 어너더	또 하나의

※ Nail Care 관련 용어

manicure 매니큐어	매니큐어(손/손톱관리)
pedicure 페디큐어	페디큐어(발/발톱관리)
nail clipper 네일 클리퍼	손톱깎이
cuticle 큐티클	큐티클(손톱 거스러미)
nail shaping 네일 쉐이핑	손톱 모양 잡기
file 퐈일	손톱손질용 줄칼
nail painting 네일 페인팅	손톱 칠하기 =nail coloring

nail polish 네일 팔리쉬	네일 폴리쉬(매니큐어)
french nail 프렌치 네일	프렌치 네일 (손톱 끝에 다른 색상으로 장식)
nail extension 네일 익스텐션	손톱 연장
glue 글루	접착제
round tips 롸운드 팁스	둥근형 인조손톱
square tips 스퀘어 팁스	사각형 인조손톱
pointed tips 포인티드 팁스	포인트형 인조손톱
nail art 네일 아트	네일 아트
acrylic powder 아크륄릭 파우더	아크릴 파우더

※ Nail Shapes

Round(둥근형) Square(사각형) Pointed(포인트형)

제12장 마무리

01 평가

Dialog 24 *Customer Satisfaction*

Stylist : It's finished.

Do you like your new hair style?

Client : Yeah, I like it.

Stylist : I will show you the back as well.

Client : Could you trim it a little more on the sides?

Stylist : OK.

Client : It's good. Thank you.

Stylist : Let me brush off the hair clippings.
We are all done.
You look very cute with short hair.

Client : Thanks.

Stylist : I will get your clothes.

Stylist : It's finished.
잇츠 퓌니쉬드
Do you like your new hair style?
두 유 라익 유어 뉴 헤어 스타일

Client : Yeah, I like it.
예에 아이 라익 킷

Stylist : I will show you the back as well.
아이 윌 쇼우 유 더 백 애즈 웰

Client : Could you trim it a little more on the sides?
쿠쥬 츄림 잇 어 리틀 모어 온 더 사이즈

Stylist : OK.
오케이

Client : It's good. Thank you.
잇츠 굿 땡큐

Stylist : Let me brush off the hair clippings.
렛 미 브뤄쉬 오프 더 헤어 클리핑스
We are all done.
위 아 올 던
You look very cute with short hair.
유 룩 붸리 큐트 위드 숄트 헤어

Client : Thanks.
땡스

Stylist : I will get your clothes.
아이 윌 겟 유어 클로즈

대화 24 고객 만족

미용사 : 끝나셨습니다.
새로운 헤어스타일이 맘에 드세요?

고 객 : 네, 맘에 들어요.

미용사 : 뒤쪽도 보여드릴게요.

고 객 : 옆머리를 조금만 더 다듬어 주시겠어요?

미용사 : 알겠습니다.

고 객 : 좋은데요. 감사해요.

미용사 : 자른 머리카락을 털어내겠습니다.
다 끝났습니다.
짧은 머리가 귀여워 보이세요.

고 객 : 감사합니다.

미용사 : 옷을 가져다 드리겠습니다.

Vocabulary

clipping [klípiŋ] 클리핑	오려낸 것
hair clippings 헤어 클리핑스	자른 머리카락조각
cute [kjú:t] 큐트	귀여운/예쁜 =pretty

Idiom

It's finished.	끝났어요. =we are finished. =we are done.
I like it.	좋아요/맘에 들어요. = I love it.
brush off A brush A off B	A를 털어내다. B에서 A를 털어내다. 예1) brush off dust (먼지를 솔로 털어내다.) 예2) brush dandruff off one's clothes (옷에서 비듬을 솔로 털어내다.)
We are all done	모두 다 끝났어요.

02 계산 과정

Dialog 25 *Payment*

Owner : Were you comfortable?

Client : Yes, I was. How much is it?

Owner : You just had a perm, right?

Client : No. I received a scalp massage, too.

Owner : OK. The sum total including tip is two hundred thousand won.

Client : I will pay by credit card.
Here you are.

Owner : Please sign here.
Would you get a receipt?
Thank you for coming.
See you next time.

Owner : Were you comfortable?
워 유 컴풔터블

Client : Yes, I was. How much is it?
예스 아이 워즈 하우 머취 이즈 잇

Owner : You just had a perm, right?
유 저스트 해더 펌 롸잇

Client : No. I received a scalp massage, too.
노우 아이 뤼씨브더 스캘프 마싸쥐 투

Owner : OK. The sum total including tip is
오케이 더 썸 토틀 인클루딩 팁 이즈

two hundred thousand won.
투 헌드뤠드 따우전드 원

Client : I will pay by credit card.
아이 윌 페이 바이 크뤠딧 카드

Here you are.
히어 유 아

Owner : Please sign here.
플리즈 싸인 히어

Would you get a receipt?
우쥬 게러 뤼씻

Thank you for coming.
땡큐 풔 커밍

See you next time.
씨 유 넥스타임

대화 25 지불

Owner : 편안하셨어요?

Client : 네, 얼마예요?

Owner : 퍼머만 하신 거 맞죠?

Client : 아니요. 두피 마사지도 받았어요.

Owner : 알겠습니다. 팁 포함해서 모두 20만원입니다.

Client : 신용카드로 지불할게요.
여기 있습니다.

Owner : 여기에 사인해주세요.
영수증 받으세요.
와주셔서 감사합니다.
다음에 뵙겠습니다.

Vocabulary

receive [risíːv] 뤼씨브	받다
scalp [skǽlp] 스캘프	두피
sum [sʌ́m] 썸	합계
total [tóutl] 토틀/토를	전체의
tip [típ] 팁	팁/사례금 ※ 미국에서 미용사 팁은 15%, 보조원 팁은 5% 정도이며, 직접 줄 수도 있지만 계산 시 포함하여 주는 경우가 많다.
hundred [hʌ́ndrəd] 헌드뤄드	100(백)
thousand [θáuzənd] 따우전드	1000(천)
credit [krédit] 크뤠딧 **credit card** 크뤠딧 카드	신용 신용카드
sign [sáin] 싸인	사인하다(v), 기호/부호(n)

receipt [risí:t]	영수증
뤼씻	

Idiom

two hundred thousand	20만
ten	1십
one hundred	1백
one thousand	1천
ten thousand	1만
one hundred thousand	10만
one million	100만
ten million	1000만
one hundred million	1억
one thousand million	10억 =one billion
receive a massage	마사지를 받다. =get a massage
pay by ~	~로 지불하다.
pay by credit card	신용카드로 지불하다.
pay by cash	현금으로 지불하다.
Here you are	여기 있어요.(물건줄 때) =Here it is
Here I am	저 여기 있어요.

Thank you for ~

~해줘서 고마워요.

예) Thank you for calling.

(전화해줘서 고마워요.)

참고문헌

김남희 · 김민(2009). 헬로우 뷰티 잉글리시. 서울: 훈민사.

김문주(2005). 미용전공영어. 서울: 훈민사.

김정여 · Sharon Nagy · Allison Kennedy-Lee(2006). 웰컴 투 미용영어. 서울: 씨앗을뿌리는사람.

성호용(2009). 미용 실전영어. 서울: 훈민사.

유유정 · 김민정(2008). 미용영어 회화. 서울: 청람.

이태희(2009). 뷰티 살롱 영어. 서울: 두양사.

조용형(2010). 미용영어. 서울: 형설출판사.

http://endic.naver.com

http://engdic.encyber.com

http://www.koreaembassy.org